GYNÉCOLOGIE

PRATIQUE

PAR

LE Dr EUGÈNE VERRIER

Ancien préparateur des Cours d'accouchements à la Faculté de médecine
Professeur libre d'obstétrique (pendant 20 ans) à l'École pratique
Membre de la Société obstétricale et gynécologique de Paris
Lauréat de l'Académie de médecine
Officier d'Académie

PARIS

CHARLES UNSINGER, IMPRIMEUR

83, RUE DU BAC, 83

—

1886

PRINCIPAUX TRAVAUX DU MÊME AUTEUR

1° MANUEL PRATIQUE DE L'ART DES ACCOUCHEMENTS

Avec 90 fig. dans le texte et Préface de M. le professeur PAJOT
4e édition, Savy, éditeur

2° GUIDE DU MÉDECIN PRATICIEN

ET DE LA SAGE-FEMME

Pour le diagnostic et le traitement des maladies utérines
135 figures, 700 pages, chez Asselin, éditeur

3° LEÇONS SUR L'ACCOUCHEMENT COMPARÉ

DANS LES RACES HUMAINES

In-8º avec nombreuses figures, chez Savy, éditeur

GYNÉCOLOGIE PRATIQUE

GYNÉCOLOGIE

PRATIQUE

PAR

Le Dr Eugène VERRIER

Ancien préparateur des Cours d'accouchements à la Faculté de médecine
Professeur libre d'obstétrique (pendant 20 ans) à l'École pratique
Membre de la Société obstétricale et gynécologique de Paris
Officier d'Académie

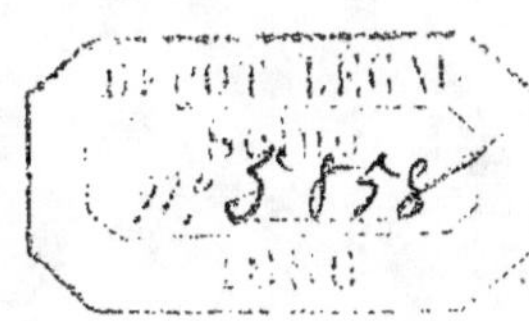

PARIS

CHARLES UNSINGER, IMPRIMEUR
83, RUE DU BAC, 83

—

1886

GYNÉCOLOGIE PRATIQUE

CHAPITRE PREMIER.

DES DIFFÉRENTES MÉTHODES D'EXPLORATION CHEZ LA FEMME.

Elles sont au nombre de quatre, savoir : le palper, le toucher, le spéculum et l'hystérométrie.

Nous ne nous arrêterons que sur les deux dernières.

Le spéculum. — L'examen au spéculum comporte deux sortes d'instruments : A. un bon fauteuil, B. un bon spéculum.

A. *Un bon fauteuil.* Bien qu'on puisse examiner une femme sur un lit, un canapé, une table, etc., le meilleur siège à employer sera, sans contredit, un fauteuil que l'on pourra exhausser à sa volonté, approcher de la lumière et autour duquel on pourra circuler librement. Deux fauteuils sont surtout en usage : le fauteuil Voltaire, que l'on ferme et ouvre à volonté, et le fauteuil anglais, qui sert aussi aux deux fins. Le premier a généralement des supports à développement pour les pieds; le second les a avec coulisse, et l'on peut, en outre, y adapter une sorte de bride qui maintient les pieds en position fixe. Tous deux ont un tiroir inférieur qui sert de marchepied, et si le fauteuil Voltaire demande à être retourné et exige une certaine force musculaire pour en faire basculer la partie mobile, le fauteuil anglais est plus simple, on l'exhausse à l'aide d'une manivelle qui, sans déranger le meuble, permet d'élever graduellement la partie qui forme le siège. Cependant cette élévation est toujours moindre que dans le premier modèle, et si la malade est moins effrayée de s'asseoir sur ce siège, l'opérateur est bien moins commodément installé pour procéder à l'examen qu'il a à exécuter.

On a aussi fait pour cet usage des plates-formes, qui ont l'avantage de coûter moitié moins, mais qui prennent beaucoup de place et ne peuvent guère être utilisées que dans des cliniques.

B. *Un bon spéculum.* — Il existe un grand nombre de spéculums. Celui auquel l'opérateur est habitué sera toujours le meilleur. Il en faut pourtant de différents calibres. Outre le spéculum plein en buis ou univalve, qui mérite d'être conservé pour certaines cautérisations, le vieux spéculum bivalve en étain, de Ricord, remplacé aujourd'hui avec avantage par le bivalve en bec de canard de Cusco, est le plus employé. M. Bouveret a donné à ce dernier spéculum une valve inférieure plus longue que l'antérieure, qui est très utile dans les cas d'antéversion. Enfin, Graily-Hewit a inventé un spéculum à quatre valves, supérieur sous bien des rapports aux autres spéculums à valves. Notons aussi le spéculum de Sims, indispensable pour certaines opérations que l'on pratique dans le vagin.

L'éclairage est un point important pour l'usage du spéculum. Si la lumière du jour est insuffisante, on peut s'aider soit d'un simple réflecteur latéral adapté à une bougie, soit mieux d'un réflecteur spécial dans lequel se trouvent un miroir et une lentille.

En définitive, l'examen au spéculum, qui révèle au médecin les lésions du col apparentes à la vue, ne fait rien connaître du volume, du poids, de la sensibilité de l'organe malade; aussi ne devra-t-il jamais négliger le palper et le toucher vaginal, parfois même le toucher rectal, avant de formuler un diagnostic. Enfin le spéculum a aussi l'avantage d'aider à la médication topique.

L'hystérométrie. — L'hystéromètre, ou sonde utérine, est un instrument d'invention relativement récente; mais peu de médecins sont familiarisés avec son emploi. Son usage, du reste, n'est pas sans inconvénients, mais les renseignements qu'il peut donner sont, sans contredit, d'une telle importance que l'on devra y recourir dans tous les cas de métrite chronique, d'involution incomplète, de tumeurs de la cavité ou du voisinage, de déviation de l'organe, etc., et ne s'arrêter que devant le soupçon d'une grossesse, ou en présence d'une inflammation aiguë de l'utérus.

On peut introduire la sonde avec la main gauche, guidée par l'indicateur de la main droite placée au niveau de l'orifice utérin. On peut aussi se servir du spéculum. Les divisions marquées sur l'instrument donneront la profondeur cherchée, et sa mobilité dans l'utérus indiquera l'absence d'un néoplasme *in situ*.

Comme pour le spéculum, il faut des hystéromètres de plusieurs grosseurs, et ceux qui sont faits en métal flexible seront ceux que l'on devra préférer. Nous verrons pourquoi dans la suite.

CHAPITRE II.

MALADIES DE LA VULVE ET DU VAGIN, LEUCORRHÉE, PRURIT. VAGINITE SIMPLE ET BLENNORRHAGIQUE. VAGINISME.

Une des choses dont les femmes se plaignent le plus souvent, c'est la leucorrhée ou flueurs blanches. Ce n'est, à vrai dire, qu'un symptôme qu'on rencontre dans plusieurs affections très différentes et l'écoulement varie d'intensité, d'épaisseur et même de coloration suivant les cas. Nous ne parlerons que de la leucorrhée vaginale ou de la vulvaire qui lui succède le plus souvent, réservant l'écoulement qui vient de l'utérus ou du col pour le moment où nous traiterons des maladies de cet organe.

La leucorrhée vagino-vulvaire se compose d'un liquide de

couleur claire et d'un aspect crémeux, sauf le cas de vaginite aiguë ou blennorrhagique, où il devient verdâtre et quasi-purulent. Chez les enfants, il provient plutôt de la vulve et est sécrété par les glandes de Bartholin et l'appareil folliculaire de l'entrée du vagin.

Le microscope y fait découvrir des débris d'épithélium et des corpuscules granuleux bien différents de ceux que l'on trouve dans la leucorrhée utérine.

De plus, sa réaction est acide, tandis que celle du liquide de l'utérus est alcaline.

Enfin, dans la leucorrhée provenant d'une vaginite aiguë ou blennorrhagique, on rencontre des micrococcus et des algues.

Causes. — Le plus souvent, la leucorrhée est de nature constitutionnelle. Elle peut cependant reconnaître une cause locale. L'affaiblissement du sujet par des métrorrhagies, le tempérament lymphatique, la lactation prolongée, l'invasion de la phthisie au début, la diathèse scrofuleuse sont au nombre des causes générales de la leucorrhée. La malpropreté, le coït fréquent, les mauvaises habitudes chez les femmes adultes, les attouchements répétés chez les petites filles et les oxyures vermiculaires sont au nombre des causes locales. Il va sans dire que la leucorrhée blennorrhagique trouve son origine dans un rapport contagieux.

Traitement. — Contre la leucorrhée constitutionnelle, outre les injections astringentes à l'alun, au tannin, au sulfate de zinc, joindre un traitement général à l'aide des toniques, des ferrugineux et surtout de l'hydrothérapie. Contre la leucorrhée due à une cause locale, outre la suppression de la cause, il convient d'arrêter les progrès de l'inflammation. Les injections émollientes d'abord, les cataplasmes intra-vaginaux, les bains tièdes avec spéculum à bains s'il est supporté, les purgatifs, et enfin les injections, ou mieux les badigeonnages de la muqueuse malade avec une solution de nitrate d'argent, sont les meilleurs moyens à employer. On peut remplacer ces badigeonnages par des tampons d'ouate imbibés de coaltar, de guaco ou donner des injections avec ces substances plus ou moins étendues d'eau. Le tampon de glycérine trouve aussi son utilité en ce qu'il diminue beaucoup la congestion par son action endosmotique.

Il va sans dire que chaque tampon sera retenu par un fil qui aidera à sa sortie. Il ne doit guère rester dans le vagin au delà de trois à quatre heures. La malade peut se l'introduire elle-même avec un porte-topique comme ceux que l'on trouve dans le commerce.

Le même traitement conviendra encore dans la leucorrhée blennorrhagique, à moins qu'on ne veuille employer les injections ou les tampons à demeure temporaire avec le copahivate de soude, l'eau phéniquée, le sublimé étendu (liqueur de Van Swieten dédoublée), les lavages à l'eau boratée, etc., etc.; toutes les substances antiseptiques, en un mot, ont la propriété, après la jugulation de l'inflammation, de détruire les germes infectieux ou d'arrêter leur propagation.

Il va sans dire qu'un traitement approprié sera dirigé contre les oxyures quand on aura constaté leur présence ; enfin, le régime a aussi son importance, de même que la privation des rapports conjugaux.

Quelques malades, parmi les arthritiques surtout, ou les filles de goutteux, attribuent au froid leur leucorrhée; cela est parfaitement possible et souvent on découvre alors des aphtes en différents endroits du canal génital, particulièrement sur les lèvres de la vulve (*herpès labialis*). Dans ces cas, outre le traitement local, on pourra soumettre la malade aux alcalins *intus* et *extra;* et aux bains sulfureux, s'il était démontré que la leucorrhée est d'origine herpétique.

La leucorrhée, quelle qu'en soit la cause, en raison surtout de l'acidité de l'écoulement, détermine sur les organes externes un prurit intense qui s'étend quelquefois jusqu'au fond du vagin et d'autres fois détermine un prurit semblable du côté de l'anus. C'est là une affection très rebelle et fort incommode, pour laquelle le médecin est souvent consulté. Chez les jeunes filles elle peut amener la masturbation et demande, conséquemment, à être soigneusement traitée.

Après quelques lotions émollientes, on se trouvera bien d'une infusion de deux à quatre grandes feuilles de tabac non travaillé, dans un demi-litre d'eau chaude, d'une décoction de lupulin, ou d'une solution de borate de soude (30 gram. pour

1/2 litre), de sublimé à 0,50 centigr. pour 500 gram. d'eau, ou encore, d'eau phéniquée à 1 gramme pour 500. Dans cet ordre d'idées je recommande la solution suivante :

Acide phénique dissous...	0,50 centig.
Acétate de morphine......... .	0,40 —
Acide cyanhydrique dilué..... .	3 grammes.
Glycérine	10 —
Eau	120 —

Après avoir lavé les parties et les avoir laissé sécher, on les saupoudrera avec de la fleur d'amidon.

Si, malgré ces précautions, le prurit persistait, on induirait un tampon d'ouate de la solution susdite ou de l'un des médicaments recommandés plus haut et on interposerait cette ouate entre les lèvres de la vulve en garnissant celle-ci d'un bandage.

Vaginisme. — C'est un état particulier du vagin qui peut être la suite des affections mentionnées plus haut, ou être spontané, ou bien encore provenir de tentatives réitérées de coït ayant amené l'irritation des nerfs se rendant au sphincter ou au constricteur du vagin. Cet état provoque une douleur vive chaque fois que l'on cherche à introduire même le doigt dans le vagin.

Après avoir largement usé à cet égard de la médication locale émolliente, le médecin pourra employer, comme le recommande Barnes, un pessaire vaginal cylindrique en caoutchouc que l'on remplit d'air après l'avoir introduit. Cet appareil, en séparant les parois irritées du vagin l'une de l'autre, triomphe en outre de la contractilité musculaire de l'organe malade et dispose les voies à un examen et à un rapprochement conjugal.

Lorsque le vaginisme résiste au traitement employé, on peut avoir recours à la dilatation brusque et forcée, en ayant soin de plonger auparavant sa malade dans le sommeil anesthésique.

Marion Sims a observé des cas de vaginisme chez des vierges qui avaient encore la membrane hymen. Dans cés cas, il ne craint pas d'en faire l'incision et de dilater ensuite le vagin à l'aide de dilatateurs mécaniques. Il est évident que si le vagi-

nisme semblait être dû à la présence de caroncules myrti-
formes douloureuses, on n'aurait qu'à en pratiquer l'excision.

CHAPITRE III.

TROUBLES DE LA MENSTRUATION. — AMÉNORRHÉE. — DYSMÉNORRHÉE.
MÉTRORRHAGIES. — MÉNORRHAGIES. — MÉNOPAUSE.

Physiologiquement, tous les médecins connaissent la menstruation. Tous savent que chez la plupart des filles, dans nos cli-
mats, ce phénomène se montre pour la première fois entre la
treizième et la quinzième année ; quelquefois plus tôt, souvent
plus tard, sans que la santé en souffre. L'écoulement se compose de sang mélangé à du mucus et à des débris de caduque
utérine. Il varie dans sa durée et dans sa quantité d'après
chaque femme ; et, après s'être montrées pendant une ou plusieurs années régulièrement, les règles peuvent tout à coup
disparaître pendant un ou plusieurs mois et quelquefois des
années : c'est cet état pathologique que l'on a nommé *aménorrhée*.

Causes.— Étant donnés des organes bien constitués et les règles
ayant d'ailleurs paru avant de cesser de paraître, on peut accuser
de l'aménorrhée soit l'influence du froid pendant les règles ame-
nant un état congestif de la muqueuse, soit un état de parésie
de l'utérus qui le rend insensible au stimulus ovarien, soit
enfin un état d'anémie ou de faiblesse de la malade, de chloro-
anémie, ou encore d'une phthisie commençante ou d'un certain
degré d'obésité de la malade qui amène du côté de l'ovaire
une transformation graisseuse plus ou moins étendue.

D'autre part, les vices de conformation des ovaires, de
l'utérus, leur absence, sont des causes irrémédiables d'aménorrhée, sauf les cas où ces vices de conformation sont peu
prononcés. Enfin l'imperforation de l'hymen ou le cloisonne-

ment du vagin peuvent aussi mettre un obstacle à l'écoulement sanguin jusqu'à ce qu'une opération soit venue remédier à cet état.

Traitement. — A l'état congestif de la muqueuse utérine qui s'accompagne de douleurs de reins, d'un sentiment de pesanteur dans le bassin et surtout d'une céphalalgie plus ou moins vive, on opposera des calmants locaux, cataplasmes, petits lavements laudanisés, suppositoires opiacés belladonés, injections tièdes de guimauve et pavot, et contre la céphalalgie des purgatifs légers, ou encore des pilules contenant une petite proportion d'aloès. Si le médecin était consulté à l'époque même des règles, il pourrait ajouter à ce traitement quelques bains de pieds chauds sinapisés pris tous les soirs pendant plusieurs jours. Des bains de siège chauds, et enfin, si la femme est pléthorique, il se trouvera bien de l'application de quelques sangsues à l'anus, à la face interne des cuisses, et quelquefois même sur le col de l'utérus. Ce dont il devra surtout se garder, c'est d'employer des emménagogues tant que les phénomènes congestifs n'auront pas disparu.

Il est une méthode qui se rapproche des pratiques de l'hydrothérapie et qui peut rendre dans ces cas de grands services, c'est le bain de siège froid à eau courante. Ce bain qui se prend le soir avant le coucher dure cinq minutes à dix minutes et est suivi d'une vigoureuse friction avec un linge rude ou une brosse de grosse flanelle. S'il se produit un frisson on réchauffe la malade par quelques boules d'eau chaude ; mais, en général, la réaction se fait bien et les règles ne tardent pas à se montrer. On peut employer ce moyen huit à dix jours avant chaque époque menstruelle.

A l'état de parésie, d'indolence de l'utérus, alors que cet organe ne répond pas à l'action stimulante des ovaires, malgré l'absence de toute affection diathésique, il faut employer les stimulants, en tête desquels on doit placer la douche en jet, aidée de la strychnine à l'intérieur. Le pessaire à tige galvanique du docteur Thomas, de New-York, donne aussi de bons résultats, de même que la faradisation utérine, qui a parfaitement réussi entre les mains du docteur A. Tripier, de Paris. Enfin, dans les cas d'anémie, de faiblesse, alors que la menstruation, sans être tout à fait suspendue, est irrégulière et s'accomplit d'une manière défectueuse, on peut encore recourir avec avantage à la douche en pluie générale et aux toniques sous toutes les formes : fer, quinquina, exercice, gymnastique, équitation, etc.

Une des meilleures préparations ferrugineuses pour ces malades est le tartrate ferrico-potassique liquide, dont on administrera quelques gouttes à chaque repas.

Enfin, quand le médecin se trouve en présence d'une maladie constitutionnelle, chloro-anémie, phthisie au début, il faut être très prudent dans l'emploi des emménagogues. Si les remèdes appliqués à l'anémie peuvent encore être utilisés lorsque cette anémie se complique de chlorose, il n'en saurait être ainsi pour la scrofule et surtout la phthisie; dans ces cas, la suppression des règles ou leur déviation ne sont que des symptômes d'une affection plus grave qu'il faut avant tout combattre, et nul doute, que, si le médecin arrive à enrayer la marche de la maladie principale, les règles ne se rétablissent spontanément.

Lorsque la menstruation s'accompagne de douleurs, que ces douleurs sont liées à l'aménorrhée et alors même qu'elles précèdent de plusieurs heures un écoulement d'ailleurs régulier et normal, on dit qu'il y a *dysménorrhée*.

Symptômes. — Au lieu d'être indolores, les règles sont précédées de douleurs vives qui cessent dès l'apparition du sang ou persistent pendant toute la durée de l'écoulement sanguin. Dans certains cas, elles deviennent tellement intenses que la malade est obligée de se coucher; on la voit même se rouler sur son lit, en proie à une extrême angoisse. Au moment où le sang apparaît il y a quelquefois des nausées et des vomissements.

Si l'on inspecte le sang rendu, on trouve des caillots, quelquefois accompagnés de débris d'exfoliation de la muqueuse plus ou moins étendus; on a même signalé, dans quelques cas rares, une sorte de sac membraneux ayant absolument la forme de la cavité utérine, ce qui prouve que la muqueuse de l'utérus est bien caduque, même en dehors de toute fécondation, car dans ces cas on n'a jamais pu trouver la trace d'un ovule.

C'est ce que les pathologistes ont appelé la *dysménorrhée membraneuse*.

Causes. — L'étroitesse excessive du col à l'un de ses deux orifices, ou aux deux à la fois, a donné lieu à la théorie de la dysménorrhée mécanique ou obstruction. Sans nier l'influence des obstacles mécaniques, il faut bien reconnaître qu'il y a une autre cause à ces douleurs vives qui précèdent ou accompagnent la venue des règles et disposent la muqueuse utérine à cette caducité plus ou moins complète, dont l'examen des produits rejetés nous offre la preuve absolue. Il faut bien avouer cependant que, dans l'état actuel de la science, cette cause a échappé jusqu'ici à l'investigation des pathologistes. Par contre, ils ont reconnu une dysménorrhée spasmodique que l'on rencontre chez des jeunes filles délicates, à constitution affaiblie, à tempérament lymphatique, comme aussi chez des femmes d'ailleurs pléthoriques, mais privées d'une vie active et réduites à l'inaction. Enfin chez les femmes pauvres, mal nourries et surchargées de travail, on peut encore constater cette forme spasmodique de la dysménorrhée.

La dysménorrhée due à une congestion anomale de l'ovaire et s'accompagnant de douleurs dans cette région, d'une sensation de tension et quelquefois d'irradiations douloureuses du côté des seins, a été signalée par les médecins.

De même, la dysménorrhée due à l'inflammation est vulgairement connue de tous les praticiens. C'est alors que l'écoulement du sang met fin à la crise douloureuse, mais l'inflammation n'en persiste pas moins et il s'y joint souvent un état morbide du canal cervical; les rapports conjugaux sont douloureux et les douleurs se font surtout sentir au-dessus du pubis, le long des fausses côtes, puis souvent à gauche avec irradiation jusqu'à l'ovaire du même côté; tandis que dans la dysménorrhée spasmodique, le siège de la douleur est surtout dans le dos ou à la partie inférieure de l'abdomen, mais au niveau de la ligne médiane.

Traitement. — Contre la dysménorrhée mécanique due à une étroitesse excessive des orifices qui ne permettent pas le passage d'un très petit hystéromètre, on opposera la dilatation graduelle et non brusque, et au cas d'insuccès la division du col à l'aide du métrotome, ce que Marion Sims appelait la dilatation sanglante. Mais on sera rarement réduit à cette extrémité, toujours plus ou moins dangereuse par les hémorragies ou les métro-péritonites consécutives, si l'on emploie avec persévérance, huit ou dix jours avant chaque époque menstruelle, la dilatation graduelle à l'aide des tiges de laminaria, auxquelles je dois de réels et nombreux succès, sans avoir jamais eu à déplorer un accident que la simple prudence peut toujours prévenir. Il va sans dire que s'il s'agissait d'une tumeur fibreuse rétrécissant le canal cervical, le traitement serait dirigé contre la tumeur. De même, si le canal était incurvé par suite d'une flexion du corps de l'organe, il faudrait redresser l'utérus et placer un pessaire à tige galvanique maintenant la réduction et agissant comme excitant de la matrice. Mais en cas d'inflammation, alors que la congestion de la muqueuse est tellement marquée qu'elle obstrue temporairement le canal de l'orifice interne, le pessaire à tige peut encore rendre des services, tout en pratiquant le traitement de la congestion dont nous parlerons plus loin.

Quant à la dysménorrhée spasmodique, quelques pilules contenant de l'opium, du haschisch et du camphre, prises au moment du coucher, manquent rarement leur effet. On peut remplacer l'opium par la conicine, ou simplement employer une injection hypodermique d'une solution de morphine et d'atropine.

On peut aussi, lorsque la dysménorrhée est habituelle, se servir d'une mixture contenant les remèdes ci-dessus dont on administrerait une cuillerée à potage toutes les deux heures. Ajouter un bain de siège chaud pris le soir et répété plusieurs jours avant l'époque menstruelle, et si les douleurs amènent de l'insomnie, on pourra recourir à l'hydrate de chloral en sirop ou en lavements.

Il va sans dire qu'on tentera, en cas de mauvaises digestions, de les régulariser, et si le sujet est anémique on se trouvera bien de l'emploi du fer ou de l'arsenic. Quelques purgatifs salins, s'il y avait constipation, rétabliraient avantageusement les fonctions intestinales et feraient cesser l'état spasmodique du col utérin.

Si c'était la douleur de la région ovarienne qui précédât la scène, on tenterait d'arrêter les crises en employant immédiatement avant leur retour les purgatifs salins; ou bien on aurait recours, huit jours avant chaque époque, au bromure de potassium et d'ammonium à la dose de 1 à 2 gr., 3 fois par jour, ou encore à l'association des trois bromures aidés de quelques grammes de teinture de séné, jalap et colombo dans un sirop amer, suivant la formule que nous donnons à la fin de ce travail. On peut ajouter à ce traitement des bains de siège chauds au moment du coucher.

Dans la dysménorrhée franchement inflammatoire, il faut, après avoir examiné le sujet attentivement, faire cesser tout d'abord toute cause qui entretient l'irritation, comme le coït, l'équitation, la marche forcée, la constipation, et éviter par-dessus tout la grossesse. Ensuite, il faudra s'attacher à diminuer la congestion interne par des déplétions sanguines locales, sangsues sur le col, ou mieux scarifications du col utérin, quelques laxatifs et l'application de révulsifs cutanés. Il faut aussi exciter une réaction de bon aloi dans la muqueuse interne par la cautérisation du canal cervical ou de la cavité de l'organe enflammé. L'acide phénique ou l'acide nitrique fumant sont les caustiques qui donnent le meilleur résultat. Je proscris l'emploi du calomel ou du sublimé à doses fractionnées recommandé par quelques gynécologistes, particulièrement du second de ces médicaments, que je considère comme dangereux.

Pertes sanguines. — Sous le nom de *métrorrhagie* et de *ménorrhagie*, on désigne des pertes sanguines dont les malades sont affectées par les voies génitales. Tandis que la ménorrhagie n'est que l'exagération du flux menstruel à des époques ordinaires, la métrorrhagie désigne une perte de sang survenant pendant l'espace intermenstruel.

Toutes ces hémorrhagies indiquent un elésion de l'organe qui fournit le sang, ou tout au moins un trouble des fonctions physiologiques de cet organe.

Mis en présence d'un cas de ménorrhagie, le gynécologiste devra chercher la cause de ce dérangement des fonctions du système génital avant d'instituer un traitement. L'examen local est donc toujours nécessaire et fera reconnaître parfois l'existence d'une tumeur qui entretient la perte. D'autres fois on trouvera pour expliquer cette perte exagérée, soit un état de régression incomplète de la matrice, après une couche ou une fausse couche assez récente, des érosions fongueuses ou des granulations du pourtour de l'orifice, quelquefois une inflammation ulcérative de la cavité du col (endométrite cervicale); de même une délivrance incomplète, la production d'un polype placentaire qui peut en être la conséquence et l'inversion de l'utérus. Il faudra donc s'empresser de remédier à ces divers états et ne rechercher les causes générales qu'à défaut des causes locales. Comme la plupart de ces causes sont du ressort des maladies de l'utérus proprement dites, nous renvoyons le lecteur à ce que nous dirons à leur sujet.

Recherchant ensuite les causes générales, le médecin examinera si un allaitement prolongé n'aurait pas amené un état de débilité excessive, si le sujet n'est pas doué d'un tempérament lymphatique; s'il n'existerait pas chez lui une prédisposition marquée aux maladies du cœur, du foie, des reins, ou si, enfin, l'âge de ce sujet n'indiquerait pas l'approche de la ménopause, dont nous dirons un mot en terminant ce chapitre.

Traitement de la ménorrhagie. — Chez une nourrice, il va sans dire que l'allaitement sera de suite suspendu et qu'on aura recours à la campagne, à l'exercice, aux préparations de fer et de strychnine, et aussi à l'hydrothérapie, ce reconstitutif par excellence. Chez les femmes à tempérament lymphatique, outre les reconstituants généraux, on peut se trouver bien de l'application de sacs de sable chaud sur l'épine dorsale ou de sacs d'eau chaude, suivant la méthode préconisée par le docteur Chapman.

On s'efforcera de régulariser la circulation dans les cas de maladies du cœur et de ramener le sang à l'oreillette droite. Les congestions hépatiques sont plutôt de nature à diminuer qu'à augmenter l'écoulement du sang. Enfin, dans la maladie de Bright, la ménorrhagie est due à la diminution de l'albumine du sang, qui favorise la transsudation du liquide nourricier à travers les capillaires. Quant à la ménopause, ou âge de retour pour la femme à la vie végétative, elle s'accompagne assez souvent de ménorrhagies qui prennent parfois un caractère très grave. Ce n'est pourtant là qu'un phénomène passager qui finit

par céder au traitement général des hémorrhagies, si aucune altération de l'organe ou aucun néoplasme ne vient entretenir ou renouveler la perte.

A la régression incomplète de l'utérus, constatée par le toucher et l'hystéromètre, le gynécologiste opposera la cautérisation de la cavité interne de l'utérus, soit avec une solution concentrée de nitrate d'argent, ou avec cette substance solide mise au contact de la muqueuse, à l'aide de mon porte-caustique, ou encore avec l'acide nitrique fumant, et, une fois la perte arrêtée on maintiendra la contraction des vaisseaux par de petites doses d'ergotine en potion, ou d'ergotinine en injections sous-cutanées.

Pour les caustiques liquides on se trouvera bien de l'introduction d'une tige à l'extrémité de laquelle se trouve un pinceau d'ouate imprégnée du caustique et caché dans une sonde en gomme pour faciliter son introduction. Généralement, dans ces cas le col est assez largement ouvert pour la facilité de la manœuvre. On peut aussi faire usage de pommade au nitrate d'argent, de crayons de gomme imprégnée de la substance modificatrice, comme les bougies de Raynal, ou de crayons de tannin ou d'autres substances dont l'énumération serait trop longue.

Aussitôt la cessation de l'hémorrhagie, on reprendra le traitement de la régression, consistant en pointes de feu sur le col, usage, pendant la saison, de certaines eaux minérales, Luxeuil, Saint-Nectaire, Néris, et pendant le reste de l'année, de l'hydrothérapie, suivant la méthode de Fleury, aidée d'un peu d'iodure de potassium à l'intérieur, ou de quelques granules de strychnine. Lorsque la perte est tellement considérable que l'état de la femme devient menaçant, on n'hésitera pas à pratiquer le tamponnement du vagin d'après la méthode classique, en se servant du spéculum.

Le traitement des érosions fongueuses du col de l'utérus est encore justiciable du cautère actuel, mais avec le bouton plat, et en même temps on appliquera le traitement qui convient à la métrite et que nous verrons plus loin.

Il va sans dire que s'il s'agissait d'une tumeur on ferait tous ses efforts pour l'enlever, si elle est accessible ou opérable. Du reste, on trouvera, au traitement de ces diverses affections, ce qui convient pour celui de l'hémorrhagie utérine, qu'elle se montre comme compliquant les règles, ou dans l'intervalle de celles-ci.

Quant au cas où l'accès dans l'utérus ne serait pas possible, il faudrait ne pas craindre de dilater le col pour porter sur la muqueuse de la cavité de l'organe le remède qui devra mettre fin à la perte. Pour cela, le meilleur moyen de dilatation est la tige de laminaria chez la nullipare et chez les femmes qui ont eu des enfants, la dilatation graduée avec un dilatateur mécanique que je préfère encore à l'éponge en dehors de l'état puerpéral. Cependant, bon nombre de praticiens ont encore recours à ce procédé. Ceci nous amène à parler des polypes.

CHAPITRE IV.

DES DIFFÉRENTES SORTES DE POLYPES : MUQUEUX, FIBREUX, PLACEN-
TAIRES, ET DES AUTRES TUMEURS UTÉRINES NON PÉDICULÉES. —
LEUR TRAITEMENT MÉDICAL ET CHIRURGICAL.

Sous l'influence de l'hypertrophie de la muqueuse, une partie de la substance de l'utérus devient exubérante, et forme avec le temps une tumeur distincte plus ou moins pédiculée, mais toujours en rapport par sa base avec la paroi utérine. C'est cette tumeur qui constitue le *polype muqueux*.

La forme et le volume de ces polypes sont très variables, et leur nombre quelquefois très grand. Sous l'influence des contractions, que leur présence dans l'utérus ne manque pas de solliciter, ces polypes tendent de plus en plus à se pédiculer et à être expulsés au dehors, d'où le fait de la guérison spontanée. Mais les hémorrhagies auxquelles donnent lieu ces productions forcent le gynécologue à intervenir souvent avant l'expulsion spontanée du polype. Nous devons dire aussi qu'il se forme des polypes du même genre dans la cavité cervicale et jusque sur la surface vaginale du col utérin. L'accès facile pour l'opérateur rend le pronostic de ces derniers beaucoup moins grave.

Le polype muqueux peut naître sur toutes les parties de la muqueuse utérine, mais son siège de prédilection est sur la muqueuse cervicale. Ce dernier, toutefois, n'atteint jamais le volume des polypes du corps de l'organe, qui égalent quelquefois la grosseur d'une petite orange. Lorsque le médecin trouve des productions de cette nature sortant du col et ne dépassant pas la grosseur d'un grain de raisin, c'est qu'elles ont pris naissance dans le col. Parfois leur pédicule est très grêle et allongé, et le polype a l'aspect d'un battant de cloche. D'autres fois ils sont intermittents, se montrent au moment des règles pour rentrer dans la cavité cervicale pendant l'espace intermenstruel.

Leur structure est composée d'une substance molle et gélatineuse, ils sont très vasculaires et causent des hémorrhagies abondantes. Quelquefois ils sont cependant plus résistants; c'est qu'alors il se joint à leur composition une plus grande proportion de tissu fibro-cellulaire et ils acquièrent un plus fort volume, sans être cependant susceptibles de jamais passer à l'état de polypes fibreux.

Traitement. — L'indication d'ablation de ces productions vasculaires se déduit de la fréquence et de l'abondance des hémorrhagies qu'elles occasionnent. Pour cela on pratiquera la torsion simple, ou la ligature du pédicule si la tumeur est volumineuse, avant d'employer la torsion. L'excision sans ligature préalable donne lieu à des pertes graves; l'écraseur, muni d'un fil de fer passé autour du pédicule, est un bon moyen de traitement. Le curetage de la cavité utérine ou cervicale est aussi usité lorsque les polypes sont multiples, petits et analogues à des végétations fongueuses. Enfin, dans le cas d'implantation profonde, il ne faut pas craindre de dilater le col avec une ou plusieurs tiges de laminaria, pour arriver sur le polype et l'enlever par les moyens cités plus haut.

Après ces opérations, la prudence conseille au gynécologue de cautériser le point d'attache du polype avec un pinceau trempé dans l'acide nitrique fumant, ou, si le polype était intra-cervical, de placer sur le col un tampon trempé dans le perchlorure de fer.

Tout autres sont les *polypes fibreux*. Les auteurs ne sont pas tous d'accord sur les causes déterminantes de leur production, ni sur leur mode de développement. Ce qui est certain, c'est qu'ils procèdent du tissu propre de l'utérus, et qu'ils ont une tendance marquée soit à faire saillie dans la cavité utérine, en repoussant la membrane muqueuse qui les recouvre alors dans toute leur étendue, sauf à leur point d'implantation, soit à faire saillie en dehors en se comportant vis-à-vis du péritoine còmme ils le font pour la muqueuse lorsqu'ils s'énuclent en dedans. Ils sont tous invariablement composés d'éléments fibro-celluleux denses, souvent criants sous le scalpel, suivant la proportion des éléments utérins qui entrent dans leur composition.

Lorsqu'ils restent emprisonnés dans le tissu propre de l'utérus, ils prennent le nom de myomes et ne constituent pas des polypes; on les appelle aussi des tumeurs fibreuses ; ils sont souvent cause de déviations utérines par le poids qu'ils ajoutent à la face utérine dans laquelle ils se sont développés. C'est plus souvent dans la paroi postérieure de l'organe qu'ils prennent naissance.

Lorsqu'ils se pédiculisent, au contraire, ils sont nourris par des vaisseaux sanguins nombreux, mais rarement de calibre important. Leur volume varie et les pertes auxquelles ils donnent lieu ne sont pas en proportion avec ce volume. Quelquefois on les rencontre largement attachés au tissu sous-jacent, ils sont alors plutôt des tumeurs fibreuses, saillantes au dedans, que de véritables polypes; et bien qu'on en trouve de très petits, en général leur volume s'accroît rapidement et peut acquérir des dimensions telles qu'on sent l'utérus par le palper au-dessus du pubis. Le plus souvent les polypes fibreux s'implantent vers le fond de l'organe, quelquefois aussi il s'en développe sur la paroi postérieure, plus rarement sur l'antérieure. Quel que soit le point d'attache de la tumeur, dès qu'elle est pédiculée, devenue par conséquent un polype, elle tend à être expulsée hors de l'utérus et devient quelquefois une tumeur extra-utérine qui peut descendre jusqu'à la vulve.

Les symptômes principaux de ces sortes de tumeurs, outre la compression de voisinage, sont les hémorrhagies, la leucorrhée et la douleur. L'hémorrhagie est sans nul doute le symptôme presque invariable qui accompagne le polype, anémie la malade et la force à demander des soins, sans lesquels elle est fatalement condamnée à mourir.

Traitement. — Il est médical ou chirurgical. Lorsqu'une femme perd beaucoup en blanc, qu'elle se plaint de douleurs dans le bassin, douleurs expulsives venant de l'utérus d'une façon plus ou moins intermittente, si, surtout, les règles s'accompagnent de ménorrhagies, et *à fortiori* si la malade perdait dans l'intervalle des règles, il faudrait procéder à un examen minutieux. Dans le cas où rien ne fait saillie à l'orifice, on fera usage de l'hystéromètre pour se rendre compte de la profondeur et de la vacuité du canal cervico-utérin. Si rien ne révèle encore la présence d'une tumeur, on recourra à la dilatation du col et au toucher manuel pour pouvoir explorer la cavité utérine avec le doigt.

Dès que l'on a la certitude de la présence d'une tumeur accessible, si elle n'est point encore pédiculée et que déjà les pertes deviennent inquiétantes, on pourra soumettre la malade à un traitement médical tendant à faciliter la formation du pédicule, et basé, par conséquent, sur l'action de l'ergot de seigle qui, comme on sait, provoque les contractions utérines et pousse ainsi la tumeur interstitielle à devenir sous-muqueuse, puis à se pédiculer, et en même temps resserre les vaisseaux utérins et s'oppose à l'hémorrhagie.

L'ergot peut se donner en potion sous forme d'extrait aqueux, ou d'ergotine, avec une certaine proportion de perchlorure de fer, ou mieux en injection hypodermique d'ergotine Ivon dans un mélange de glycérine, ou plus simplement encore sous forme d'ergotinine, qui est l'alcaloïde de l'ergot, tandis que l'ergotine n'en est que l'extrait. Cette dernière méthode permet de répéter souvent les doses, car on peut injecter l'ergotinine Tanret, par exemple, de 3 à 6 gouttes chaque fois dans la cuisse, les muscles fessiers, ou la partie supérieure du pubis, tandis qu'il faudrait une demi-seringue de Pravaz ou une seringue entière si on employait la solution d'ergotine. De plus, cette solution paraît provoquer parfois des abcès, surtout quand on pratique l'injection sur le ventre, alors que l'ergotinine ne paraît pas avoir cet inconvénient. Pour calmer la douleur, on peut employer en même temps des lavements laudanisés ou des suppositoires opiacés-belladonés, ou bien encore avec 0,25 centig. d'iodoforme.

Dans quelques cas, les pertes ont été telles qu'il a fallu tamponner le vagin. Mais, par contre, on a vu, comme nous l'avons déjà dit, la tumeur être expulsée spontanément, ou s'escharifier et sortir par lambeaux gangrenés (dans ce cas il faut veiller à empêcher la septicémie, à laquelle la femme est forcément exposée), ou enfin subir la transformation calcaire.

Mais si aucune de ces terminaisons n'a eu lieu, si le pédicule de la tumeur est accessible, bien nettement formé, il faut avoir recours au traitement chirurgical. Celui-ci consiste dans l'ablation. Si la tumeur est petite, accessible à la pince guidée par le doigt, la torsion appliquée aux polypes muqueux peut encore être utilisée; mais dans les cas de polypes volumineux, l'écraseur à fil ou à chaîne est l'instrument de prédilection pour cette opération. A l'aide d'une pince érygne on maintient la tumeur, une autre pince ou un ténauculum à long manche maintiendra la lèvre antérieure de la matrice sans attirer l'organe en bas, et la tumeur étant abaissée et bien fixée par la pince érygne, on introduira un long écraseur armé d'un fort fil de fer dans l'anse duquel on passera les branches de la pince, de manière à les entourer. Puis, le fil étant porté sur la face supérieure du polype, on le fait glisser jusqu'à sa base et l'on a soin de presser l'écraseur contre le bord inférieur du pédicule et de l'y *tenir en contact aussi absolu que possible*. Alors commencera l'ablation en faisant fonctionner l'écraseur, qui en peu d'instants sépare le polype de la matrice. Il ne reste plus qu'à l'attirer au dehors avec la pince érygne et à cautériser la pédicule d'implantation, soit au perchlorure de fer, soit à l'acide nitrique, pour se mettre à l'abri d'hémorrhagies consécutives.

Marion Sims a inventé un écraseur spécial qui ne présente pas d'avantages réels. Gooch a proposé de passer le fil à l'aide de canules très difficiles à manœuvrer. Cependant j'ai vu M. Péan réussir avec ces canules pour un volumineux polype du fond de l'utérus à peine pédiculé. Après avoir sectionné la base d'implantation, il abandonna la tumeur dans l'utérus, laquelle fut expulsée spontanément quelques jours après.

Je ne suis pas partisan d'un traitement actif pour les myomes interstitiels proprement dits. Quant aux tumeurs sous-périto-néales, si leur volume ne permet pas de les abandonner, elles sont du ressort de la grande gynécologie. Je n'ai point à m'en occuper ici.

Il va sans dire qu'après l'opération la malade sera mise aux reconstituants : bon air, campagne, hydrothérapie.

Sous le nom de *polypes placentaires*, on entend le résultat d'un avortement. Ou bien ce qui reste de l'œuf forme avec le sang extravasé le début d'un polype fibrineux, ou bien après l'expulsion de l'embryon et d'une partie des annexes, les restes du placenta végétant sur place constituent une sorte de polype qui se rapproche davantage de la texture d'un véritable polype que ne le fait le polype fibrineux. Dans les deux cas, le traite-ment sera le raclage et la cautérisation, si la partie végétante du placenta est peu volumineuse ; mais si la partie restante du placenta (un ou deux cotylédons) s'était réellement transfor-mée en polype, on appliquerait à cette tumeur le traite-ment chirurgical dont nous avons parlé à propos des polypes fibreux.

CHAPITRE V.

DE LA MÉTRITE DU CORPS ET DU COL DE L'UTÉRUS ; SES MANIFESTA-TIONS SUR LE COL. — INFLUENCE DES DIATHÈSES. — TRAITEMENT GÉNÉRAL ET LOCAL.

La métrite est l'inflammation de l'utérus. En dehors de la puerpéralité elle est le plus souvent chronique d'emblée. La fluxion et la congestion en sont les premiers moteurs, puis l'engorgement et l'induration constituent la maladie princi-pale.

Quant au catarrhe, ulcérations, granulations, fongosités, ils n'en sont que des manifestations. Nous avons vu plus haut le rôle que la métrite jouait dans la production des métrorrhagies.

Limitée au corps de l'utérus, l'inflammation est assez rare, presque toujours le col participe à la maladie ; aussi cette partie de l'organe gestateur porte-t-elle presque constamment des traces indéniables de la métrite. Souvent aussi l'inflammation est limitée au col même et bornée à la muqueuse. Elle forme alors ce que l'on appelle l'endométrite cervicale.

La métrite interne s'accompagne également de catarrhe, qu'il vienne du corps ou du col. C'est cet écoulement qui souvent rougit et ulcère la partie de muqueuse qui recouvre le col, de même que le catarrhe peut aussi se propager au vagin, mais alors l'écoulement change de nature et d'aspect.

Les manifestations métritiques accessibles à la vue varient suivant l'état constitutionnel du sujet. Ainsi l'herpès et l'acné du col sont le fait d'une métrite chez un sujet herpétique. L'hypertrophie du col, les exulcérations simples sont plutôt le résultat de la métrite scrofuleuse. La douleur, les inflammations péri-utérines chroniques à petits noyaux, le prurit vagino-vulvaire, les algies des ovaires se rapportent à la métrite arthritique. La métrite syphilitique se traduit par des lésions spéciales. Enfin, il existe une métrite non constitutionnelle, comme il existe une métrite traumatique. Si dans ces derniers cas le traitement est purement local, il va sans dire que dans les métrites constitutionnelles il faudra, outre le traitement local, considérer l'état général de la malade au point de vue de la diathèse.

L'exulcération du col simple ne comporte guère que la destruction de l'épithélium. Quand l'ulcération est taillée à pic et et qu'on en trouve généralement plusieurs, elle appartient à une affection spécifique. Le plus souvent l'exulcération est bornée autour de l'orifice et se prolonge dans son intérieur. Étanchée avec un peu d'ouate, on remarque un aspect rouge irrité de la muqueuse, d'autrefois la surface exulcérée est recouverte de papilles hypertrophiées et sécrète un muco-pus abondant qui a déterminé une vaginite concommitante.

Lorsque l'ulcération se prolonge dans le canal cervical, l'orifice externe s'entr'ouvre et il se produit un ectropion du col. Alors les glandes de ce conduit sécrètent un mucus visqueux, filant, qui bouche l'orifice et coule en bavant au dehors de l'utérus. C'est là une cause certaine de stérilité.

Si, dans cette affection, on essaye l'hystérométrie, on éprouve souvent de la difficulté, due à ce que la pointe de la sonde s'engage dans les plis hypertrophiés de l'arbre de vie, mais à force de tâtonnements on finit par franchir l'obstacle et par pénétrer dans l'utérus. Si, en retirant la sonde, il s'écoule un peu de sang, on a une nouvelle preuve de la maladie du canal cervical.

L'endométrite du col donne lieu, en outre, à des douleurs de reins, de la sensibilité au toucher, au palper, même du côté gauche de l'ovaire, et souvent à des névralgies lombo-abdominales.

Lorsque l'affection remonte jusqu'à l'orifice interne, il survient, à l'époque des règles, de l'irritation vésicale accompagnée de prurit, et lorsque la maladie reste sans traitement, il se produit à la longue des métrorrhagies.

Très souvent, à cette inflammation de la cavité cervicale succèdent des érosions de la muqueuse cervico-vaginale, des exulcérations de la lèvre inférieure le plus souvent, sans que la lèvre antérieure en soit exempte; quelquefois il y a comme un cercle nummulaire autour de l'orifice, et dans certaines métrites constitutionnelles il se développe des pustules acnéiformes autour du museau de tanche et même en dehors de la zône enflammée.

D'autres fois l'inflammation débute par la partie vaginale du col et se propage de là à l'intérieur; enfin, cette inflammation peut être telle qu'il se forme un état fongueux de l'organe et de véritables ulcères qui n'ont pourtant rien de commun avec les ulcérations spécifiques.

Traitement. — Le traitement de l'inflammation du col doit nécessairement varier avec la période de la maladie, la lésion existante et l'état diathésique du sujet.

On a trop abusé de la cautérisation au crayon d'azotate d'argent ou de la solution plus ou moins concentrée de ce sel. Les sages-femmes en font un déplorable usage, ne s'occupent pas et ne peuvent s'occuper d'ailleurs de l'état général de la malade.

Il faut tout d'abord décongestionner l'organe par des tampons d'ouate trempés dans la glycérine neutre à 30° Baumé, ou dans un glycérolé d'amidon ou de tannin laudanisés, s'il y avait en même temps des douleurs utérines.

Les tampons seront mis tous les jours et gardés 3 à 4 heures pendant huit ou quinze jours, suivant l'effet produit; le soir une injection de guimauve et de pavot et deux à trois bains de siège tièdes avec du son, d'une demi-heure de durée, pris avec un spéculum à bain, constitueront le traitement de la première période de la maladie.

Il peut se faire que la congestion soit telle et l'état de la femme si pléthorique, que l'on puisse décongestionner l'organe avec quelques sangsues appliquées sur le col, auxquelles je préférerais cependant les scarifications.

Dans ces dernières années, le docteur Chéron a préconisé contre la congestion de l'utérus la cautérisation ignée profonde; je lui préfère, dans les cas simples, les pointes de feu, 6 à 8, répétées à une semaine d'intervalle pendant un mois.

Après que le col a été décongestionné par l'un des traitements ci-dessus, je procède à la cautérisation; mais, loin de me servir du nitrate d'argent, je n'emploie que l'acide nitrique fumant, ou une solution concentrée de perchlorure de fer dans la glycérine, laquelle arrête très bien les hémorrhagies provenant des granulations ou fongosités du col utérin.

Lorsque la métrite du col se propage à l'intérieur du canal (endométrite cervicale), j'applique le même traitement à l'intérieur de ce canal; mais si l'orifice externe ne permettait pas l'introduction du pinceau utérin, je le dilaterais au préalable avec une tige de laminaria et je cautériserais à l'acide nitrique fumant aussitôt que j'aurais retiré ma tige. Lorsque la maladie se complique de vaginite, après la décongestion utérine, j'applique sur l'ulcération du col une solution de 0,50 centigr. de tannin pur dans 30 grammes de glycérine, au moyen d'un tampon d'ouate que je laisse dix à douze heures.

Je préfère encore, lorsqu'il n'y a pas d'ulcération, faire pénétrer le remède par le rectum sous forme de lavements ou de suppositoires. Le lavement surtout est absorbé et son contenu porté directement derrière l'utérus dans toute sa hauteur, tandis que les topiques vaginaux ne sont en contact qu'avec la partie inférieure de l'utérus et avec le vagin, dont la muqueuse n'est pas disposée pour l'absorption.

C'est ainsi que dans des cas de douleurs utérines vives, le lavement laudanisé agit, et que, dans des cas de pertes sanguines, un lavement d'une décoction d'écorce de chêne réussit admirablement si le praticien a eu la précaution de vider au préalable le rectum par un grand lavement simple, pour faciliter l'absorption du médicament.

La cautérisation du canal à l'acide nitrique, suivie d'un pansement avec le glycérolé de tannin, ou la glycérine pure s'il y avait irritation du vagin, produit une guérison rapide.

Je n'admets la solution de nitrate d'argent à 2 ou 3 pour 30 que quand il s'agit d'activer une surface malade blafarde et indolente.

Enfin, dans les cas les plus graves et les plus rebelles, lorsque le col est recouvert de fortes granulatious saignantes, je n'hésite pas à employer le fer rouge en bouton ou encore la potasse caustique, dont je taille des rondelles que j'applique sur la partie malade avec un spéculum, en prenant toutes les précautions possibles pour ne pas agir sur le vagin.

Ces précautions seraient encore plus rigoureusement observées si j'employais, comme quelques confrères, le chlorure de zinc qui détruit les tissus à une grande profondeur. Dans ce cas, je fais des boulettes d'ouate attachées avec un fil, de la grosseur d'un haricot ; je les trempe dans la solution concentrée de chlorure de zinc, et j'ai soin d'exprimer fortement chaque boulette, de manière à ce qu'il ne s'écoule plus une seule goutte de liquide ; c'est alors que je place deux, trois ou plus de ces boulettes sur la surface malade, en ayant soin de tamponner le vagin et de laisser la malade au lit. Le lendemain j'enlève le pansement et j'obtiens par ce procédé une perte de substance suffisante pour détruire la partie malade à une assez grande profondeur.

L'acide phénique, la teinture d'iode dans des cas légers sont aussi assez souvent employés. Avec cette dernière substance, j'ai guéri une métrite chronique du corps qui avait été prise pour un cancer ; par son application à l'intérieur de la cavité utérine j'ai vu les dimensions de l'utérus diminuer considérablement, les pertes disparaître ainsi que les douleurs de reins qui les accompagnaient.

Le caustique Filhos, employé par le docteur Richelot, demande presque autant de précautions que le chlorure de zinc, on en taille des rondelles ou des flèches que l'on applique sur la partie malade, on lave le vagin à l'eau vinaigrée et on maintient la rondelle appliquée à l'aide d'un tampon.

Quelquefois enfin, dans l'inflammation chronique du col utérin, on se trouvera bien de l'emploi du nitrate acide de mercure, avec lequel on touchera les parties érodées de la muqueuse cervicale, en faisant suivre chaque cautérisation d'un lavage à grande eau du vagin.

Courty préconise la cautérisation avec le charbon igné, et les progrès de l'industrie ont fait remplacer le cautère actuel par le thermocautère Paquelin.

Le coton iodé est encore un de ces remèdes topiques qui produisent chez quelques malades une grande irritation vaginale, sans donner de résultats compensateurs.

A ce traitement local, il conviendra d'ajouter un traitement général d'après la constitution de la malade, et c'est seulement ainsi que l'on pourra arriver à juguler une maladie qui désespère les malades et traîne des années entières si l'on ne s'adresse pas en même temps à la diathèse. Ainsi, à la métrite strumeuse on opposera l'huile de foie de morue, le brome, l'iode, le vin antiscorbutique, quand on est sûr de son origine, et généralement tous les amers. Le bain sulfureux est aussi un bon médicament, de même que le sel marin ou le bain de mer, et à l'intérieur le fer, l'arséniate de fer ou de soude et jusqu'à la ciguë. Enfin toute la série des eaux chlorurées sodiques et bromo-iodurées. Il va sans dire que l'hydrothérapie froide trouve son indication dans le traitement de la métrite strumeuse.

Contre la métrite herpétique, le médecin est souvent désarmé. C'est qu'en effet on connaît la ténacité de la maladie ; cependant la base du traitement est encore ici l'arséniate de soude *intus et extra*. C'est dans ce cas que les eaux arsénicales de la Bourboule rendent de précieux services. Par contre, le bain de mer est contre-indiqué, ainsi que la douche d'eau froide ; mais si le cas ne pouvait être soumis à la cure de la Bourboule, en raison des 0,012 à 0,014 millig. d'arsenic que ces eaux contiennent par litre, on pourrait choisir dans les eaux thermales de France des stations où la dose d'arsenic serait moins considérable.

Malgré cela, il faut savoir que dans ces métrites le traitement général ne jouera qu'un rôle à peu près insignifiant.

Il n'en sera pas de même dans la métrite arthritique, dont la médication spécifique, on le sait, consiste dans l'emploi des alcalins, de la lithine et du colchique. Le salicylate de soude en particulier, à la dose de 30 gram. pour 300 gram. d'eau ou de sirop de fumeterre, de pariétaire, etc., pris au moment des repas, est très utile dans la métrite avec douleurs névralgiques dans l'utérus (rhumatisme utérin), avec irradiation du côté des ovaires. Les bains alcalins en baignoire, ou les bains thermo-minéraux de Salins, de Vichy, Vals, Pougues, ceux du plateau central de l'Auvergne, Royat, Saint-Nectaire et Châteauneuf (Puy-de-Dôme), ceux de Néris (Allier) et de La Malou, etc. Les eaux sulfureuses ne sont pas non plus sans mérite, Cauterets et Saint-Sauveur, entre autres.

Le docteur Fleury, dans son *Traité d'hydrothérapie scientifique*, a rapporté des exemples de guérisons du rhumatisme musculaire, articulaire et utérin obtenues par la douche froide à eau courante. C'est une médication rationnelle et qui peut, dans des mains exercées, rendre de grands services.

Au régime suivi par les arthritiques, on ajoutera l'eau de Chabetout, *ad libitum*, de préférence à l'eau de Vichy, qui est loin d'être sans danger, ou l'eau de Vals (Perle nᵒ 1, Victoire). L'eau de Chabetout(source l'Evêque), outre de notables quantités de sel marin et de fer, contient de l'arsenic et particulièrement des carbonates et silicates alcalins, de la lithine, dont l'action est si puissante dans l'arthritis. Cette action est aidée par la grande quantité d'acide carbonique qui existe aussi dans cette eau, lequel excite l'estomac et favorise l'absorption.

CHAPITRE VI.

DES DÉVIATIONS DE L'UTÉRUS. — PROLAPSUS, ANTÉVERSION ET ANTÉ-FLEXION. — RÉTROVERSION ET RÉTROFLEXION, VERSIONS ET FLEXIONS LATÉRALES.

L'utérus sain et dans l'état de vacuité jouit d'une grande mobilité. Mais si les ligaments sont assez lâches pour lui permettre de s'incliner facilement en avant et en arrière, ces mouvements, sous l'influence d'une augmentation de poids de l'organe à quelque cause qu'elle soit due peuvent s'exagérer, et la situation vicieuse qui en résulte persister, d'où l'antéversion dans le premier cas, ou la-rétroversion dans le second (fig. 1).

Fig. 1. — Rétroversion réduite spontanément par la position genu-pectorale.

Lorsqu'en outre de ces situations vicieuses, l'utérus se fléchit sur lui-même, soit au niveau de l'isthme, soit en tout autre point, on dit qu'il y a antéflexion dans le premier cas, ou rétroflexion dans le second. Les flexions sont plus graves que les versions, en raison des altérations généralement préexistantes du tissu utérin au niveau de la flexion.

L'antéversion est de toutes ces déviations la plus fréquente et heureusement la moins grave. Elle n'est que l'exagération de la position normale de l'utérus. Elle est quelquefois congénitale.

Enfin, l'utérus, toujours augmenté de volume et de poids et les ligaments affaiblis, peut descendre dans le vagin jusqu'au contact du périnée, dans quelques cas se présenter entre les lèvres de la vulve et parfois même sortir au dehors. C'est ce qu'on appelle le prolapsus ou chute de l'utérus à divers degrés.

Les causes de ces déviations sont presque toujours la congestion, la régression incomplète, et les corps fibreux. Ces derniers siègent plutôt dans la paroi postérieure, comme nous l'avons dit, et entraînent la rétroversion ou la rétroflexion.

Je ne dirai rien des déplacements latéraux; mais, quant à ceux dont j'ai fait mention, outre la gêne qu'ils peuvent déter-

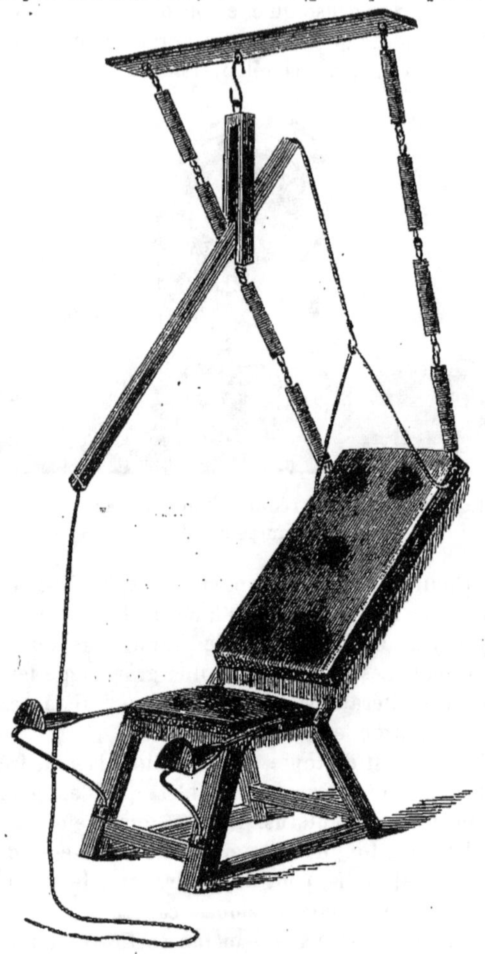

Fig. 2. — Appareil du docteur Verrier pour faciliter la réduction par la position.

miner dans leurs nouveaux rapports, ils s'accompagnent presque toujours de symptômes généraux qui varient d'après la déviation et l'état du sujet.

Traitement. — Réduction, contention : tels sont les deux termes de la proposition. Mais pour obtenir la réduction, outre la manœuvre, qui est singulièrement facilitée par l'appareil que j'ai présenté à l'Académie de médecine en 1880, et au Congrès international de Londres en 1881, dont voici, du reste, la figure (fig. 2), il faut combattre, au préalable, la congestion, faire disparaître l'engorgement. Pour cela, les scarifications du col, la cautérisation ponctuée, les tampons décongestionnants, et particulièrement la douche générale en jets brisés, sont les moyens les plus efficaces. Dans l'abaissement, la faradisation, et toujours la douche, ont des effets non douteux. Une fois la décongestion opérée, on procède à la réduction (voir *An. de Gynécologie,* tome XIV, 1880), et on maintient l'utérus par un pessaire approprié. Nous recommandons à ce sujet le pessaire de Hodge en aluminium ou le pessaire sigmoïde de Ménière (d'Angers) pour les déviations antérieures et postérieures, l'anneau de Dumontpallier pour les chutes ou abaissements.

CHAPITRE VII

DU CANCER DE L'UTÉRUS. — ÉPITHÉLIOMA, SARCOME, CANCROÏDE. — EXCROISSANCE EN CHOU-FLEUR. — TRAITEMENT PALLIATIF, AMPUTATION DU COL, EXTIRPATION DE L'UTÉRUS.

On comprendra que je ne puisse, dans ce rapide exposé, entrer dans de grands détails au sujet du cancer de l'utérus. Le cas cependant en vaudrait la peine, et la chirurgie moderne traverse une phase qui fait bien inaugurer du traitement à l'avenir.

Néanmoins, comme ce résumé est plutôt destiné à des médecins qu'à des chirurgiens, je me contenterai de décrire les symptômes du cancer en général et de mettre le praticien à même de faire un bon diagnostic.

Le cancer peut se montrer à tous les âges de la vie de la femme; mais c'est entre quarante et cinquante ans qu'on le rencontre le plus souvent. A cet âge, il figure pour la moitié environ des maladies des organes génitaux féminins.

Le début de la maladie est insidieux, et souvent, quand l'attention de la femme est attirée pour la première fois, le cancer est déjà avancé dans son évolution. Cependant, si la malade avait soin de consulter aux premiers malaises qu'elle ressent, à la première apparition d'un écoulement suspect, peut-être le médecin pourrait-il intervenir à temps, car dans presque tous les cancers c'est à peu près toujours par la portion vaginale du col que débute le développement des éléments cancéreux dans la substance de l'organe sain, et ce n'est que bien plus rarement que le corps ou le fond de l'utérus sont le siège primitif du cancer.

L'épithélioma se développe d'ordinaire sous la forme de tumeur ou d'excroissance sur le col utérin. On aperçoit d'abord un tubercule dont le volume augmente rapidement ; il se fendille, forme des branches et finit par constituer une masse irrégulière qui ressemble au toucher à un chou-fleur. En même temps un écoulement abondant et clair se manifeste, qui indispose la malade sans que cependant l'odeur, surtout au début, soit inquiétante. Mais le médecin trouvera une grande différence entre cet écoulement et l'écoulement vaginal ordinaire ou blennorrhagique et rien du mucus filant venant du col ou du corps de l'organe sain, ou simplement affecté de catarrhe.

Quelquefois cependant, soit que l'affection débute par le corps de la matrice, soit que sa nature ne soit pas la même, il arrive que l'excroissance en chou-fleur manque et que l'odeur de l'écoulement soit plus fétide que dans les cas ordinaires. Cette odeur rappelle un peu celle d'un placenta en putréfaction.

Cette forme de l'épithélioma est moins curable que la première. D'autrefois, c'est le chou-fleur qui domine et attire l'attention ; il peut prendre des proportions considérables, remplir tout le vagin et envahir ses parois. Dans ce cas, il se complique toujours d'hémorrhagies par suite de sa grande vascularité ; l'examen au spéculum suffit souvent pour déterminer une perte.

La marche de l'épithélioma est rapide, et si le chirurgien n'attaque pas la maladie dès son début, elle envahit vite les tissus et devient rapidement mortelle.

Il n'en est pas de même du *sarcome*, qui, tout en s'attaquant aussi à la portion vaginale du col, envahit d'abord le tissu sous-muqueux pour se propager ensuite au tissu musculaire.

Les parties voisines ne tardent pas à être prises, il se fait des dépôts cancéreux entre l'utérus et la vessie, ou entre l'utérus et le rectum. Le col se fixe, devient immobile et la maladie peut envahir jusqu'au péritoine. Toutefois, la marche en est plus lente que celle de l'épithélioma.

Quoi qu'il en soit, la muqueuse finit par céder sur un point quelconque et l'on voit se former une première ulcération, dure au toucher, avec des bords à pic et saignant facilement.

C'est à cette époque qu'apparaît l'écoulement. Il est noirâtre, abondant, très fétide dès le début, et très souvent accompagné de pertes sanguines avec caillots qui, s'ils ont séjourné dans l'utérus, participent de la mauvaise odeur de l'écoulement. Quelque temps après, l'envahissement se fait vers les parties supérieures de l'utérus et les organes voisins.

Des complications, dues aux perforations de voisinage, sur-surgissent, et la cachexie cancéreuse imprime à la malade son cachet caractéristique. Si, à cette époque, elle n'a pas suc-combé aux hémorrhagies, elle ne tarde pas à mourir de l'affec-tion cancéreuse elle-même.

Cancroïde. — Ce n'est autre chose que l'épithélioma ; pour Houel, ce ne serait qu'un pseudo-cancer, comme les tumeurs fibro-plastiques ou à myéloplaxes ; mais ce que j'ai dit plus haut de l'épithélioma, et les statistiques du cancroïde, démon-trent suffisamment la gravité de cette affection. De même que le squirre et l'encéphaloïde ne différaient, pour la génération qui nous a précédés, que par la condensation ou la raréfaction des éléments solides proportionnellement à l'abondance du suc cancéreux, de même diffèrent entre eux le cancroïde et l'épi-thélioma. (*Rech. sur l'histologie du cancer*, Courty, 1851.) Quant au squirre et à l'encéphaloïde, ces deux formes sont aujour-d'hui comprises dans le sarcome dont nous avons parlé. Dans toutes ces néoplasies, la douleur, à peine sentie au début, de-vient intolérable à la fin de la maladie et toutes peuvent se compliquer d'hémorrhagie.

Traitement. — D'après ce que nous venons de dire, si le cancer a envahi le corps de l'utérus, la maladie devient alors incurable. Cependant, si le néoplasme est limité à l'utérus

même, peut-être le médecin pourrait-il faire appel aux ressources de la grande chirurgie, c'est-à-dire à l'enlèvement de
l'organe malade par l'abdomen ou le vagin ; mais la plupart
du temps des masses cancéreuses se sont répandues dans le
péritoine et la maladie est au-dessus des ressources de l'art.
On doit alors se borner à combattre les symptômes douleur,
hémorrhagie, infection putride, etc., à un traitement palliatif
en un mot. A cette période, du reste, la malade est arrivée à
la cachexie et toute l'économie est empoisonnée.

Mais si, au début, on sait reconnaître le cancer limité au col
de l'utérus, j'affirme qu'on peut, en bonne conscience, espérer
la guérison, et dans tous les cas qu'on doit professionnellement
la tenter. Occupons-nous donc du traitement curatif et recon-
naissons pour cela les deux formes principales de cancer que
nous avons admises, l'épithélioma et le sarcome.

Traitement curatif de l'épithélioma limité au col utérin. — La
destruction de l'épithélioma limité peut se faire, soit par des
caustiques, soit par l'amputation. Mais l'emploi des caustiques
n'est pas sans inconvénient ; il est, d'ailleurs, inefficace et quelquefois même dangereux.

Les caustiques, ou n'atteignent pas la racine du mal, ou la
dépassent ; ils peuvent déterminer des inflammations mortelles,
car ces inflammations hâtent l'évolution du cancer qu'ils avaient
pour but de détruire.

Le fer rouge est encore moins efficace. Le caustique Filhos,
les flèches de Maisonneuve, même le chlorure de zinc ont échoué
dans presque tous les cas où ils ont été appliqués. Il faut donc,
pour avoir quelques chances sérieuses de succès, recourir à
l'amputation du col cancéreux, et cela aussi bien dans le sarcome que dans l'épithélioma.

L'amputation peut se pratiquer de trois manières différentes :
ou avec l'écraseur, comme pour l'ablation des polypes, ou
avec le bistouri, ou enfin, avec l'anse galvano-caustique. C'est
ce dernier moyen auquel nous donnons la préférence. Il existe
plusieurs procédés d'application de l'anse galvano-caustique,
dans le détail desquels nous ne pouvons entrer, mais qu'on
trouvera exposés dans la *Chirurgie gynécologique* du docteur
Leblond, pages 468 et suivantes.

Au bistouri, l'amputation a été exécutée la première fois en 1802 et répétée depuis, bon nombre de fois, par Ossiander, Langenbeck, Dupuytren, Lisfranc, etc.; et quant à l'écraseur, c'est surtout Chassaignac qui l'avait mis en honneur, mais non pas toujours sans inconvénient.

Dans ces dernières années, Sims a proposé un mode d'extirpation qui peut rivaliser avec la galvano-caustique chimique et qui, sans doute, demande de l'adresse, mais ne cause pas les embarras du transport de piles encombrantes et souvent inconstantes.

Cette opération se pratique avec un couteau spécial, fabriqué chez Collin, lequel peut se placer à n'importe quel angle, sur son manche, pour faciliter la dissection que l'on prolonge en forme d'éteignoir jusques et au delà de l'orifice interne, si c'est utile, pour enlever toute la partie du col malade.

Un pansement consécutif avec de la charpie imbibée de perchlorure de fer et exprimée en partie, laquelle charpie maintenue elle-même pendant plusieurs jours par un tampon à demeure, prévient les hémorrhagies et consolide la guérison.

J'ajouterai, pour compléter ce qui est relatif au traitement du sarcome, comme de l'épithélioma, qu'on emploie, contre la douleur, le chloral et les opiacés; que ces remèdes, administrés par le rectum sous forme de lavements ou de suppositoires (1) sont préférables aux applications par le vagin ou l'estomac. La morphine, en injections sous-cutanées, agit aussi très rapidement. Enfin, contre les hémorrhagies si fréquentes qui accompagnent les néoplasmes, on a recours aux astringents. Je ne puis trop recommander, par la raison invoquée par le docteur Cortiguera, les lavements de ratanhia ou d'une décoction d'écorce de chêne. Il est rare, en employant la médication rectale, que le chirurgien soit forcé de recourir au tamponnement vaginal.

Contre l'odeur fétide du cancroïde et du sarcome, je recommande l'injection vaginale et les lavages fréquents avec une solution de permanganate de potasse à 30/1000, ou avec une

---

(1) *Contribution à l'étude du diagnostic gynécologique, médication rectale*, par le docteur J. Cortiguera, de Santander, trad. par le docteur E. Verrier, de la Société obst. et gyn. de Paris.

solution d'acide phénique à 2 ou 3/100. La solution de nitrate
d'argent à 0,60 centigrammes pour 30 gram. calme aussi la
douleur et modère l'écoulement.

A l'intérieur, l'arséniate de soude, le perchlorure de fer, le
tartrate ferrico-potassique, ou le nitrate de fer ammoniacal
donnent des résultats satisfaisants.

Le régime, plutôt fortifiant qu'excitant, sera complété par
l'hydrothérapie, sans laquelle la malade ne profiterait pas
longtemps du bon résultat de l'opération, tandis que la douche
méthodiquement et scientifiquement employée préviendra, ou
tout au moins écartera les récidives.

CHAPITRE VIII ET DERNIER.

THÉRAPEUTIQUE GÉNÉRALE UTÉRINE; HYGIÈNE DE LA FEMME ADULTE.

La thérapeutique générale utérine comporte des remèdes en
applications extérieures, d'autres employés par la bouche et le
tube digestif tout entier; une troisième série, comprenant les
injections sous-cutanées et intra-veineuses, et enfin les remèdes
appliqués *loco dolenti*, c'est-à-dire directement dans la cavité
utérine, le vagin, le rectum et la vessie. Ces organes constituent une quadruple association, d'où résulte que, quand un de
ces organes est affecté, les trois autres s'en ressentent, et que,
si l'on porte un remède au contact de l'un d'eux (celui dont la
facilité d'absorption est plus grande), tous les autres en éprou-
vent le bienfait.

1º *Remèdes à appliquer extérieurement.*

Parmi les agents externes, les plus précieux sont, sans contredit, l'hydrothérapie, les grands bains émollients ou médicamenteux, les bains thermaux, les bains de siège chauds ou
froids à eau courante, les bains de mer; les bains de sable
chaud, les sacs spinaux de Chapman, les sacs de glace du
même auteur, les bandages mouillés, les compresses d'eau
froide, celles faites avec des liquides antiseptiques, etc.

Puis, passant aux rubéfiants, le gynécologue usera successivement, suivant les cas, des vésicatoires, des applications de teintures d'iode, des liniments calmants ou excitants, etc.

Il est inutile d'ajouter que, ne pouvant dans cette revue entrer dans le détail des applications, le praticien suppléera à ce que le défaut d'espace ne me permet pas de dire. Je me contente, pour l'instant, d'une énumération qui, tout incomplète qu'elle soit, remémorera au médecin qui consultera ces pages les remèdes qu'il pourra choisir suivant la maladie et l'état général de la malade.

2° Remèdes à employer sur le tube digestif en entier.

Parmi ces remèdes, le nombre de ceux qui ont une action directe sur l'utérus ne vont pas au delà de quatre ou cinq, les autres n'ont d'effet que sur toute l'économie, mais n'en sont pas moins précieux, suivant les circonstances.

A ces deux ordres se rattachent l'ergot de seigle et l'ergotine, bien connus des accoucheurs; la quinine, dont l'effet sur les fibres lisses de l'utérus a été mis au jour par une série de travaux encore récents; le perchlorure de fer, l'arsenic, dont le premier est connu et le second semble diminuer le calibre des capillaires et avoir par conséquent une action sur les hémorragies. La strychine a aussi une action certaine sur la tonicité utérine. Le mercure; les trois bromures, seuls ou associés, ont plutôt une action sur les annexes de l'utérus que sur cet organe même, aussi sont-ils employés dans les cas d'irritation ou de congestion ovarienne (potassium, sodium et ammonium). Le cannabis indica, utile dans la dysménorrhée, le suc de ciguë, l'extrait de thuya dans le cancer. Contre la constipation, les purgatifs de toutes sortes. Comme reconstituants, le fer, le quinquina, les amers et les apéritifs. Enfin, le régime alimentaire et les différentes poudres de viandes, de sang, etc., incorporées aux aliments ou aux boissons, ou prises à part, complètent la série des remèdes internes.

3° Des injections sous-cutanées et intra-veineuses.

Le médicament employé le plus universellement en injections sous-cutanées dans les affections de l'utérus et de ses

annexes, c'est certainement le chlorhydrate de morphine ; puis,
viennent l'ergotine et l'ergotinine ; le sulfate d'atropine, que l'on
peut combiner avec la morphine, et enfin, les injections intra-
veineuses, d'hydrate de chloral, d'eau chlorurée sodique, de
sérum, et la tranfusion du sang.

Ces injections ne sont guère employées que dans des cas très
graves d'anémie, de pertes, ou de maladies épidémiques infec-
tieuses compliquant une affection utérine.

4° *Des remèdes vulgaires employés localement dans le traitement des maladies utérines.*

Les injections dans le vagin, d'eau ou de liquides médicamenteux constituent un usage banal, pas toujours raisonné
et parfois nuisible. On peut les pratiquer avec l'irrigateur,
la seringue, l'injecteur à poire ou à pompe. Pour qu'une injection soit fructueuse, outre le choix du médicament principal
ét de la température, il faut qu'elle agisse longuement, c'est-
à-dire que le liquide de l'injection reste longtemps en perma-
nence avec la muqueuse qu'elle est chargée de guérir, sous
peine de ne constituer qu'un simple lavage. Il faut aussi que le
courant soit continu. L'appareil qui réunira le mieux ces con-
ditions sera pour cela préféré. On devra se servir, de préférence, de l'eau tiède à la température du sang. Si l'eau froide
est plus tonique, elle expose par contre à bien des désagréments
dont le moindre peut être le développement d'une cellulite
pelvienne. On a vu des injections froides de certains remèdes
actifs être suivies d'accidents mortels. L'eau absolument chaude
trouvera, au contraire, d'assez nombreuses indications.

L'alun, le sulfate de zinc, le borate de soude, l'infusion de
roses de Provins, de feuilles de noyer, de houblon, d'écorce de
chêne, de tannin, de sous-carbonate de soude, d'eau phéniquée,
de phénol, de coaltar, d'eau de goudron, de guaco, le tout
plus ou moins étendu d'eau, sont généralement les remèdes
employés pour les injections.

En applications topiques sur le col, on emploie la solution
plus ou moins concentrée de nitrate d'argent ou le crayon
fondu ; des liquides actifs, comme l'acide nitrique fumant, la
teinture d'iode, le perchlorure de fer, l'acide acétique, l'acide

chlorhydrique, le nitrate acide de mercure, sont aussi assez fréquemment mis en usage.

La glycérine pure ou additionnée d'amidon, de tannin, constitue par ses propriétés endosmotiques un excellent topique qu'on peut rendre calmant ou astringent suivant les indications.

Les pessaires vaginaux médicamenteux, contenant une grande variété de remèdes, sont très en usage. Nous préférons les employer par le rectum, sous forme de suppositoires renfermant soit de l'iodure de potassium, de sodium ou de plomb, du mercure, du tannin, de la belladone, de l'opium, de l'iodoforme, etc. De même, nous préférons les lavements médicamenteux aux injections vaginales, en ayant soin de faire précéder ces lavements d'un grand lavage du rectum, pour débarrasser la muqueuse de cet intestin des produits excrémentitiels qui pourraient gêner l'absorption. C'est aussi par le rectum que nous alimentons les malades dans certains cas de vomissements incoercibles ou d'obstruction des voies gastriques.

A l'intérieur de l'utérus on fait encore usage, dans le traitement des maladies de cet organe, d'injections liquides en se servant d'une sonde à double courant ou d'une sonde à jet récurrent. Je leur préfère des onguents, des pommades plus ou moins caustiques, des pâtes, des poudres ou des crayons de gomme amalgamés, ou même des caustiques solides.

C'est ainsi qu'on a employé longtemps des bouts de crayon de nitrate d'argent laissés dans la cavité. Mais les coliques violentes qu'ils déterminent leur ont fait préférer avec raison le crayon fondu dans un porte-caustique, celui de Siredey par exemple, ou mieux, le mien dont le fourreau protège le col contre l'action du caustique pendant son parcours. Celui de Martineau n'est qu'une imitation du mien, lequel n'est lui-même qu'une adaptation du porte-caustique de Lallemand, approprié à l'usage nouveau auquel on le destine.

On emploie encore à l'intérieur de l'utérus l'acide phénique, l'iode phéniqué, la teinture de perchlorure de fer, le pernitrate d'hydrargyre, les acides chromique, picrique et l'acide nitrique fumant. C'est à l'aide d'une sonde, dans l'intérieur de laquelle on fait passer un pinceau trempé dans ces différents liquides, qu'on réussit à en faire l'application.

Le porte-pommade de Courty est un instrument précieux aussi pour les praticiens qui préfèrent un corps qui ne fuse pas à un caustique liquide. De même, sur le col de l'utérus, on doit préférer tous les caustiques solides, malgré leur peu d'efficacité contre le cancer, aux caustiques liquides susceptibles de fuser et d'aller porter au loin leurs ravages.

Quant à l'intérieur de la cavité cervicale, on peut se servir d'un simple pinceau d'ouate ou de charpie enroulée autour d'un bâtonnet assez fin et qu'on aura au préalable trempé dans le caustique liquide; ou bien, du crayon d'azotate d'argent de la trousse.

Enfin, je dois en terminant, une mention spéciale pour le cautère actuel remplacé désormais avec avantage par le cautère Paquelin, à l'aide duquel, outre son usage purement chirurgical, on peut faire de la cautérisation ignée profonde qui anémie l'utérus et le décongestionne mieux que tout autre médicament, ou plus simplement des cautérisations superficielles à l'aide de la pointe, ou du bouton de platine. Le charbon incandescent est requis pour le même usage par le professeur Courty. Citons aussi, pour finir, les sangsues ou, mieux encore, les scarifications que l'on emploie fréquemment dans la médication utérine.

Il nous reste à dire un mot sur l'hygiène appliquée à la femme adulte.

Pendant toute la période génitale, depuis l'apparition des règles jusqu'à la ménopause, la femme devra avoir un soin particulier de sa santé.

Les toilettes devront porter aussi bien sur les organe génitaux que sur tout le corps. Elle évitera les trop grandes fatigues, mais elle ne s'abandonnera pas à l'inaction, et si elle devient enceinte elle redoublera de soins et de précautions pour se préparer utilement à la grande fonction de la maternité.

L'allaitement sera pour elle une source de jouissances et aussi un préservatif des maladies utérines. Il faut cependant que le médecin de la famille ait constaté qu'il puisse être profitable à l'enfant sans être préjudiciable à la mère.

Après l'accouchement, un repos matériel suffisant prédisposera à la régression complète de l'utérus, et tant que le retour de cet organe à son volume normal ne sera pas accompli, la femme devra s'abstenir de toute nouvelle grossesse.

Enfin, à l'âge de la ménopause, elle redoublera de soins, et si des pertes anormales venaient à se montrer, soit en blanc, soit en rouge, elle ne négligerait pas de consulter un médecin versé dans la pratique de la gynécologie.

Parmi les pratiques usuelles de l'hygiène, nous ne saurions trop recommander à la femme en bonne santé, l'emploi fréquent de la douche générale froide.

PETIT FORMULAIRE

A L'USAGE DU GYNÉCOLOGISTE

Contre l'anémie nerveuse chez la femme.

1°   Bromure de potassium.....   10 grammes.
          —   de sodium........   6   —
          —   d'ammonium.....   4   —
     Teinture de jalap........ ... ⎫
          —   séné .... ⎬ àâ 2   —
          —   colombo..... . ⎭
     Sirop d'écorce d'or. amères,   300   —

         M.

A prendre une cuillerée avant chaque repas.

2°   Hydrothérapie froide :

Douche en jets brisés sur tout le corps, de 15 à 30 secondes de durée progressivement.

La même potion peut s'employer dans la congestion de l'utérus, en même temps que l'on fera un pansement glycériné dans le vagin.

Bains de Barèges à la fin du traitement, en remplacement de l'hydrothérapie.

Traitement des métrites strumeuses.

Solution de chlorhydro-phosphate de chaux, 1 à 2 cuillerées par jour.

On peut aussi donner le sulfure de calcium à la dose de 8 à 10 grammes par jour. Mais la saveur insupportable de ce médicament fera préférer le premier.

En même temps on fera des injections vaginales avec :

> Glycérine neutre........... 300 grammes,
> Acide borique.... .... 200 —

Traiter par ébullition.

A mettre une cuillerée à soupe par injection d'eau *chaude*.

Traitement des pertes utérines.

Commencer par une friction, matin et soir, sur la région lombaire, avec :

> Alcool camphré........ .... 120 grammes.
> Éther.... .... 30 —
> Chloroforme......... ..... 15 —
>   M.

A l'intérieur, donner dans une potion appropriée :

> Teinture de canelle, 15 grammes par jour.

Pansements vaginaux :

> Glycérine à 30 degrés Baumé. 350 grammes.
> Acide tannique............... 30 —
> Teinture d'iode............. 4 —
>   M.

Ajouter comme reconstituant :

Hydrothérapie générale et *non sur le bassin.*

Douche en jets brisés de 15 secondes de durée.

On peut modifier comme suit le pansement décongestif :

> Glycérine neutre à 30 degrés. 350 grammes
> Laudanum............. ..... 4 —
> Belladone.......... ...... 2 —

(Il ne faut pas qu'il y ait ulcération utérine).

On fera en même temps une révulsion sur la moelle lombaire par vésicatoires volants, pointes de feu, frictions sèches, stimulantes ou sédatives, et une ou deux douches froides par jour.

Curettage utérin à la suite ou écouvillonnage de l'utérus. (*Doléris.*)

Dans les cas de dépôts lymphatiques, et même dans les fibromes, on se trouvera bien de l'usage de la digitale comme suit :

Glycérine neutre à 30 degrés. 120 grammes
Extrait de digitale.......... 4 —
Alcool pour dissoudre....... Q. S.

Dissoudre l'extrait dans l'alcool et battre ensuite avec la glycérine. (Il ne faut pas qu'il y ait ulcération.)
Autre :

Glycérolé d'amidon......... 120 grammes
Extrait de digitale..... ..... 4 —
Alcool................... Q. S.

Traiter comme ci-dessus.

Injection sous-cutanée d'ergotine, contre les pertes utérines.

Ergotine Yvon...... 2 gouttes le 1er jour.
— 3 — le 2º jour.
— 4 — le 3e jour.

Continuer, jusqu'à production de vertiges.

Pilules de capsicum annuum (poivre indien).

Il remplace le seigle ergoté et l'ergotine.

Capsicum annuum.......... 5 grammes.

F. s. a. 20 pilules.
Une avant chaque repas, ou au milieu du repas (Dr Chéron.)

Régression incomplète de l'utérus.

Teinture de rhubarbe .... 30 grammes.
Vin stibié.................. 4 —
Acétate de potasse.,........ 8 —

10 à 50 gouttes à chaque repas. (Dr Chéron.)
Bains salins (Saint-Nectaire).
Liniment chloroformé sur les reins.

Pilules pour enrayer le développement des fibromes.

> Biiodure d'arsenic........   0 gr. 10 centigr.

En 100 pilules. — De 1 à 5 au milieu des repas.
Hydrothérapie.
Ces pilules s'emploient aussi comme altérant de tous les produits pathologiques. (Chéron.)

Traitement du catarrhe utérin avec névralgie lombo-sacrée.

1º Pansement glycéro-tannique iodé.

2º Injection d'eau cahude à 40 degrés, deux fois par jour.
   (Elle est décongestionnante.)

3º Pointes de feu pour la névralgie lombo-sacrée.
   3 à 400 tous les cinq à six jours.

4º A l'intérieur :
Potion à prendre une cuillerée avant chaque repas :

> Salicylate de soude........   20 grammes.
> Rhum   40   —
> Sirop simple..............   40   —
> Eau.....................   220   —

Chaque cuillerée contient 1 gramme; on prend deux ou trois cuillerées au moment des crises.

5º Eau de Vals avec le vin aux repas.

Contre la dysménorrhée.

> Opium...............   0,03 centigrammes.
> Chanvre indien........   0,05   —
> Camphre............   0,10   —

Pour une pilule à prendre au moment du coucher.

On peut remplacer l'opium, quand il est contre-indiqué, par 10 centigrammes d'extrait de conicine.

Le lavement laudanisé, ou le suppositoire opiacé belladoné, trouvent aussi leur emploi dans la dysménorrhée.

Si la médication par la bouche ou le rectum restent sans

effet, on peut essayer de la solution suivante, par la méthode hypodermique :

Chlorhydrate de morphine...   0,20 centigram.
Solution d'atropine...........   0,20   —
Eau........................   .8 grammes.

Commencer par injecter 2 à 4 gouttes de cette solution, puis 6 à 8 gouttes (10 gouttes contiennent 1 centigr. 1/2 de morphine).

Des pilules de 0,25 centigr. de lupuline prises trois fois par jour, dès l'apparition de premiers symptômes, empêcheront les attaques.

Potion contre les hémorrhagies succédant aux opérations pratiquées sur le col utérin.

Perchlorure de fer......   8 grammes.
Extrait aqueux d'ergot..   16   —   ⎫
Infusion d'ergot........ 250   —   ⎭ Pharmacopée anglaise.

A prendre 32 grammes trois fois par jour. (Lombe Atthil.)

Injection hypodermique d'ergot. (Hildebrandt.)

Extrait aqueux d'ergot.........   3 parties.
Glycérine.....................   7   —
Eau distillée...   7   —

A injecter de 3 à 5 gouttes et jusqu'à 20 gouttes progressivement, sous la peau de l'abdomen ou de la cuisse, dans les hémorrhagies utérines.

Je lui préfère l'ergotinine de Tanret, soit contre les hémorrhagies utérines en dehors de la grossesse, soit contre celles qui succèdent à l'accouchement.

Paris. — Typ. Ch. Unsinger, 83, rue du Bac.